上海市工程建设规范

既有建筑幕墙检查及安全性鉴定技术标准

Technical standard for inspection and safety appraisal of existing curtain walls

DG/TJ 08—803—2024
J 12438—2024

主编单位：上海建科检验有限公司
批准部门：上海市住房和城乡建设管理委员会
施行日期：2024 年 12 月 1 日

同济大学出版社

2024 年　上海

图书在版编目(CIP)数据

既有建筑幕墙检查及安全性鉴定技术标准 / 上海建科检验有限公司主编. --上海：同济大学出版社，2024.11. -- ISBN 978-7-5765-0625-9

Ⅰ. TU227-65

中国国家版本馆 CIP 数据核字第 20248GR800 号

既有建筑幕墙检查及安全性鉴定技术标准
上海建科检验有限公司　主编

责任编辑　朱　勇
责任校对　徐春莲
封面设计　陈益平

出版发行　同济大学出版社　www.tongjipress.com.cn
　　　　　（地址：上海市四平路1239号　邮编：200092　电话：021-65985622）

经　　销	全国各地新华书店
印　　刷	浦江求真印务有限公司
开　　本	889mm×1194mm　1/32
印　　张	2.375
字　　数	60 000
版　　次	2024年11月第1版
印　　次	2024年11月第1次印刷
书　　号	ISBN 978-7-5765-0625-9
定　　价	30.00元

本书若有印装质量问题，请向本社发行部调换　　版权所有　侵权必究

上海市住房和城乡建设管理委员会文件

沪建标定〔2024〕377号

上海市住房和城乡建设管理委员会关于批准《既有建筑幕墙检查及安全性鉴定技术标准》为上海市工程建设规范的通知

各有关单位：

由上海建科检验有限公司主编的《既有建筑幕墙检查及安全性鉴定技术标准》，经我委审核，现批准为上海市工程建设规范，统一编号为 DG/TJ 08—803—2024，自 2024 年 12 月 1 日起实施。原《建筑幕墙安全性能检测评估技术规程》DG/TJ 08—803—2013 同时废止。

本标准由上海市住房和城乡建设管理委员会负责管理，上海建科检验有限公司负责解释。

上海市住房和城乡建设管理委员会

2024 年 7 月 22 日

前　言

根据上海市住房和城乡建设管理委员会《关于印发〈2022年上海市工程建设规范、建筑标准设计编制计划〉的通知》(沪建标定〔2021〕829号)的要求,由上海建科检验有限公司会同上海市装饰装修行业协会组成编制组,在《建筑幕墙安全性能检测评估技术规程》DG/TJ 08—803—2013 的基础上,广泛征求意见,经反复讨论修订形成本标准。

本标准主要内容有总则、术语和符号、基本规定、材料的检查检测、结构和构造的检查检测、防雷及防火性能的检查检测、结构承载力核验、定期检查报告、安全性鉴定报告。

本次修订的主要内容有：①明确了既有建筑幕墙检查和安全性鉴定的工作内容；②增加了既有建筑幕墙防火、防雷检查检测的内容；③增加了既有建筑幕墙检查的分级评定；④增加了既有建筑幕墙检查和鉴定的报告示例。

各单位及相关人员在本标准执行过程中,如有意见和建议,请反馈至上海市住房和城乡建设管理委员会(地址：上海市大沽路100号；邮编：200003；E-mail：shjsbzgl@163.com)、上海建科检验有限公司(地址：上海市申富路568号综合楼三楼；邮编：201108；E-mail：xuqin1008@163.com)、上海市建筑建材业市场管理总站(地址：上海市小木桥路683号；邮编：200032；E-mail：shgcbz@163.com),以供今后修订时参考。

主编单位：上海建科检验有限公司
参编单位：上海市装饰装修行业协会
主要起草人：徐　勤　王　骅　阮蓓旎　唐雅芳　刘　宇
　　　　　　　徐恩凯　姚玉梅　康丹苧

主要审查人: 孙玉明　陈贤敏　陈　峻　杨进荣　沈　隽
　　　　　　 魏文炳　施伯年

上海市建筑建材业市场管理总站

目 次

- 1 总则 ·· 1
- 2 术语和符号 ·· 2
  - 2.1 术语 ·· 2
  - 2.2 符号 ·· 3
- 3 基本规定 ·· 4
  - 3.1 一般规定 ······································ 4
  - 3.2 检查、鉴定抽样方法 ························ 5
  - 3.3 定期检查程序与工作内容 ·················· 6
  - 3.4 安全性鉴定程序与工作内容 ··············· 8
- 4 材料的检查检测 ···································· 11
  - 4.1 一般规定 ···································· 11
  - 4.2 玻璃 ·· 12
  - 4.3 石材、人造面板 ···························· 13
  - 4.4 金属面板 ···································· 14
  - 4.5 复合面板 ···································· 14
  - 4.6 铝合金型材、钢材 ·························· 15
  - 4.7 拉索和拉杆 ·································· 16
  - 4.8 硅酮结构密封胶与密封材料 ··············· 17
  - 4.9 紧固件、五金件及其他配件 ··············· 18
- 5 结构和构造的检查检测 ··························· 20
  - 5.1 一般规定 ···································· 20
  - 5.2 检查检测的内容和方法 ····················· 21
- 6 防雷及防火性能的检查检测 ···················· 23
  - 6.1 防雷性能的检查检测 ······················· 23

6.2 防火性能的检查检测 ………………………………… 24
7 结构承载力核验 …………………………………………… 26
　　7.1 一般规定 ………………………………………………… 26
　　7.2 面板及连接 ……………………………………………… 26
　　7.3 构件式、单元式幕墙的主要受力杆件 ………………… 27
　　7.4 点支承玻璃幕墙的支承结构 …………………………… 28
　　7.5 全玻璃幕墙的支承结构 ………………………………… 28
8 定期检查报告 ……………………………………………… 29
　　8.1 定期检查分级 …………………………………………… 29
　　8.2 定期检查结果评定 ……………………………………… 34
9 安全性鉴定报告 …………………………………………… 35
　　9.1 安全性鉴定分级 ………………………………………… 35
　　9.2 安全性鉴定结果评定 …………………………………… 37
附录A 检查报告(示例) …………………………………… 38
附录B 鉴定报告(示例) …………………………………… 42
本标准用词说明 ……………………………………………… 47
引用标准名录 ………………………………………………… 48
本标准上一版编制单位及人员信息 ………………………… 50
条文说明 ……………………………………………………… 51

Contents

1 General provisions ·· 1
2 Terms and symbols ·· 2
   2.1 Terms ·· 2
   2.2 Symbols ·· 3
3 Basic regulations ·· 4
   3.1 General regulations ································· 4
   3.2 Inspection and appraisal sampling methods ········ 5
   3.3 Periodic inspection procedures and content ······· 6
   3.4 Safety appraisal procedures and content ·········· 8
4 Inspection and testing of materials ······················ 11
   4.1 General regulations ································ 11
   4.2 Glass ·· 12
   4.3 Stone, artificial panels ····························· 13
   4.4 Metal panels ·· 14
   4.5 Composite panels ·································· 14
   4.6 Aluminum and steel ······························· 15
   4.7 Cables and tie rods ································ 16
   4.8 Structural and weather sealant ··················· 17
   4.9 Fasteners, hardware, and other accessories ······ 18
5 Inspection and testing of structure and construction ····· 20
   5.1 General regulations ································ 20
   5.2 Content and methods of inspection and testing ··· 21
6 Inspection and testing of lightning and fire resistance ··· 23
   6.1 Inspection and testing of lightning protection ····· 23

  6.2 Inspection and testing of fire resistance ·············· 24
7 Structural load bearing verification ·························· 26
  7.1 General regulations ···································· 26
  7.2 Panels and connections ································ 26
  7.3 Main load-bearing components of stick and unitized curtain walls ··· 27
  7.4 Support structure of point system curtain walls ······ 28
  7.5 Support structure of full glass curtain walls ·········· 28
8 Periodic inspection report ·· 29
  8.1 Grading of periodic inspections ························ 29
  8.2 Evaluation of periodic inspection results ············· 34
9 Safety appraisal report ·· 35
  9.1 Grading of safety appraisals ···························· 35
  9.2 Evaluation of safety appraisal results ·················· 37
Appendix A Inspection report (sample) ························ 38
Appendix B Appraisal report (sample) ·························· 42
Explanation of wording in this standards ························· 47
List of quoted standards ··· 48
Standard-setting units and personnel of the previous version
··· 50
Explanation of provisions ··· 51

1 总 则

1.0.1 为确保本市既有建筑幕墙的使用安全,对既有建筑幕墙维护、修缮、整治工程等提供技术依据,制定本标准。

1.0.2 本标准适用于本市行政区域内既有建筑幕墙的定期检查及安全性鉴定,特定条件下的在建幕墙工程可按照本标准执行。

1.0.3 既有建筑幕墙的定期检查、安全性鉴定除应符合本标准外,尚应符合国家、行业和本市现行有关标准的规定。

2 术语和符号

2.1 术 语

2.1.1 既有建筑幕墙 existing curtain wall for building

指经竣工验收已交付使用的建筑幕墙,包括玻璃幕墙、金属幕墙、石材幕墙、人造板材幕墙、复合板材幕墙以及由上述不同材料组合的幕墙。

2.1.2 构件式幕墙 stick curtain wall

在主体结构上依次安装立柱、横梁和各种面板的建筑幕墙。

2.1.3 单元式幕墙 unitized curtain wall

由各种面板与支承框架在工厂制成完整的幕墙基本结构单元,直接安装在主体结构上的建筑幕墙。

2.1.4 全玻璃幕墙 full glass curtain wall

由玻璃面板和玻璃肋构成的建筑幕墙。

2.1.5 点支承幕墙 point supported glass curtain wall

由玻璃幕墙、点支承装置及其支承结构构成的建筑幕墙。

2.1.6 单层索网体系 single-layer cable net system

支承结构由两个方向的连续拉索相交组成,施加预张力后构成平面或曲面的索网结构。

2.1.7 安全性鉴定 safety appraisal

对既有建筑幕墙进行现场检查检测、分析验算、评估,判断其是否能满足安全性要求的综合评定活动。

2.1.8 整治 renovation

对既有建筑幕墙外立面的清洗、涂饰、修复、装饰,外立面附加设施、附属设施的加固修复以及景观照明等一系列的统一协调整新治理工作。

2.2 符 号

σ——荷载和作用产生的构件截面最大应力设计值；

f——构件材料强度设计值；

d_f——构件在风荷载标准值或永久荷载标准值作用下挠度值；

$d_{f,\lim}$——构件挠度限值；

A_r, B_r, C_r, D_r——建筑幕墙定期检查等级；

a_r, b_r, c_r, d_r——建筑幕墙子项定期检查等级；

A_u, B_u, C_u, D_u——建筑幕墙安全鉴定等级；

a_u, b_u, c_u, d_u——建筑幕墙子项安全鉴定等级。

3 基本规定

3.1 一般规定

3.1.1 既有建筑幕墙有下列情况之一的应进行定期检查：

1 幕墙工程竣工验收1年后，每5年进行一次检查。

2 对采用结构粘接装配的玻璃幕墙工程，交付使用满10年的，对该工程不同部位的硅酮结构密封胶进行粘接性能的抽样检查，此后每3年进行一次检查。

3 对采用拉杆、拉索或者点支承的玻璃幕墙工程，竣工验收后每3年进行一次检查。

4 对超过设计使用年限仍继续使用的幕墙工程，每年进行一次检查。

3.1.2 既有建筑幕墙在设计使用年限内，应每10年进行一次全面的安全性鉴定。超过设计使用年限拟继续使用的，应每5年进行一次安全性鉴定，采用结构粘接装配、拉杆、拉索或点支承的玻璃幕墙应每3年进行一次安全性鉴定。有下列情况之一的，应进行安全性鉴定：

1 面板、连接构件、局部墙面等出现异常开裂、变形、脱落、爆裂现象的。

2 遭受台风、雷击、火灾、爆炸等自然灾害或者突发事故而造成损坏的。

3 经检查检测，支撑幕墙的建筑主体结构或构件存在连接点松动、锚固缺失等安全隐患的。

4 幕墙竣工资料不齐全或风环境变化导致风压显著增加的情形。

5 停建建筑幕墙工程复工前或建筑幕墙改造前的情形。

6 经定期检查后评定为 C_r 级或以下,存在潜在隐患但无法评估其危险程度的情形。

7 水密性严重缺陷,影响正常使用的情形。

8 需要进行安全性鉴定的其他情形。

3.1.3 既有建筑幕墙的定期检查报告,可按照本标准附录 A 编写。

3.1.4 既有建筑幕墙的安全性鉴定报告,可按照本标准附录 B 编写。

3.2 检查、鉴定抽样方法

3.2.1 既有建筑幕墙的定期检查、安全性鉴定,应根据项目的特点选择下列抽样方案:

1 计量、计数或计量-计数检测方案。

2 二次或多次抽样方案,有必要时可采用全数检测方案。

3 根据检测项目的连续性和控制稳定性情况,可采用调整型抽样方案。

4 经参与各方确认的抽样方案。

3.2.2 既有建筑幕墙定期检查的建议抽样数量:

1 建筑幕墙面积 500 m² 以下,应全数检查。

2 建筑幕墙面积 500 m² 及以上,在高、中、低区域各抽检不少于一层,并满足不少于外立面总面积的 30% 区域(或参考幕墙风险系数表与参与各方共同确定抽样方案和比例)。

3 开启窗应全数检查。

3.2.3 既有建筑幕墙安全性鉴定的建议抽样数量:

1 建筑幕墙主要受力构件、节点和构造的检测数量,应结合工程具体情况,每种幕墙类型抽取 3 处~5 处,且必须包含幕墙结构的最危险处。

2 必要时,与参与各方共同增加鉴定抽样数量。

3.3 定期检查程序与工作内容

3.3.1 既有建筑幕墙的定期检查,应按下列程序开展:
 1 客户委托。
 2 现场调查。
 3 检查方案的确认。
 4 现场勘察及检查。
 5 检查报告。

3.3.2 既有建筑幕墙定期检查应包括下列内容:
 1 建筑幕墙的外露质量检查(包括外观缺陷、破损、松动、异响或危及安全的情况)。
 2 建筑幕墙玻璃面板、开启系统、主要承力结构件、连接构件(螺栓)、幕墙密封系统及幕墙排水系统等。
 3 建筑幕墙的使用维护情况(包括是否存在私自改装,是否发生过坍落、外凸等,是否存在高坠风险及其他严重影响幕墙使用安全的情况)。

3.3.3 既有建筑幕墙的现场检查,按检查对象可分为面板、外露构件、开启部位、支承构件、防雨水渗漏和屋面以上幕墙支承钢结构等。
 1 面板检查时,应按表 3.3.3-1 判定。

表 3.3.3-1 幕墙面板检查判定

序号	问题判定标准	检查方法
1	幕墙各类面板有破碎、破裂、相邻面板凹凸	目测
2	幕墙各类面板之间有不正常挤压、错位或变形	目测
3	幕墙各类面板有松动、松脱、剥离、腐蚀等现象	目测、手试
4	夹层玻璃有严重分层、起泡、脱胶现象	目测
5	中空玻璃中空层出现水汽或起雾	目测

2 外露构件检查时,应按表3.3.3-2判定。

表3.3.3-2 外露构件检查判定

序号	问题判定标准	检查方法
1	外露构件有破碎、破裂等现象	目测
2	外露构件有松动、松脱、裂纹、严重锈蚀等现象	目测、手试
3	外露构件有不正常挤压、错位或变形	目测
4	外露连接件的固定件、紧固件有损坏、缺失或严重锈蚀	目测、手试

3 开启部位检查时,应按表3.3.3-3判定。

表3.3.3-3 开启部位检查判定

序号	问题判定标准	检查方法
1	合页(铰链)、滑撑、副撑、窗锁、滑轮、防脱块、限位、地弹簧等五金配件有锈蚀、损坏、松动或缺失,门窗启闭受阻或异响	目测、手试
2	固定开启窗五金配件的螺钉有损坏、缺失或严重锈蚀	目测、手试
3	开启门窗启闭受阻、明显变形、启闭异响	目测、手试
4	开启门窗不能有效锁闭	目测、手试
5	电动开启系统不能正常工作	目测、手试
6	外开窗开启距离大于300 mm、具有限位功能的无法有效限位	测量
7	开启门窗五金配件规格、承重级不符合要求	目测、手试

4 支承构件检查时,应按表3.3.3-4判定。

表3.3.3-4 支承构件检查判定

序号	问题判定标准	检查方法
1	构件之间有不正常挤压、错位或变形	目测、测量
2	构件有松动、变形、裂纹、严重锈蚀等现象	目测、手试
3	预应力索结构(拉索、拉杆)锚具有明显裂纹,钢绞线有断丝,拉杆有变形,拉索明显松弛	目测、手试

续表3.3.3-4

序号	问题判定标准	检查方法
4	全玻璃及点支承幕墙玻璃肋板有破碎、破裂;吊夹具有松动、锈蚀,与玻璃直接接触	目测
5	点支承幕墙驳接头、驳接爪有明显变形、松动	目测、手试

5 防雨水渗漏检查时,应按表3.3.3-5判定。

表3.3.3-5 防雨水渗漏检查判定

序号	问题判定标准	检查方法
1	幕墙室内侧有明显渗漏现象,排水孔堵塞、披水板损坏	目测
2	硅酮耐候密封胶(包括幕墙立面、顶部罩板等位置)有脱胶、开裂、起泡、硬化现象	目测
3	密封胶条有未形成连续密封、脱落、开裂、断裂现象	目测

6 屋面以上幕墙支承钢结构检查时,应按表3.3.3-6判定。

表3.3.3-6 屋面以上幕墙支承钢结构检查判定

序号	问题判定标准	检查方法
1	屋面以上幕墙构件之间有不正常挤压、错位或变形	目测
2	屋面以上幕墙构件有松动、变形、裂纹等现象	目测、手试
3	屋面以上幕墙构件的外露连接及紧固件有损坏、缺失或严重锈蚀	目测、手试

3.4 安全性鉴定程序与工作内容

3.4.1 既有建筑幕墙的安全性鉴定,应按下列程序开展:
  1 客户委托。
  2 现场查勘、收集资料。
  3 鉴定方案的确认。

 4 现场鉴定及取样。
 5 取样后的实验室检测。
 6 结构计算。
 7 鉴定报告。

3.4.2 委托方应提供幕墙工程设计、施工、竣工和使用过程中的技术资料，并与检测方共同确定鉴定内容和抽样方案。在委托、制定、协商鉴定方案时，应明确委托方、检测方的责任和风险。

3.4.3 既有建筑幕墙安全性鉴定前的背景调查宜包括收集图纸资料、了解建筑物使用历史、调查现场基本情况等相关工作内容。

3.4.4 根据委托方提供的各种资料和调查情况，确定既有幕墙的重点鉴定项目，并制定幕墙鉴定方案。鉴定方案应包括鉴定内容、方法、进度等。

3.4.5 既有建筑幕墙的安全性鉴定工作内容应包括下列几个部分：

 1 幕墙概况：幕墙体系、构造、主要节点和开启扇安装质量。

 2 使用现状：幕墙外观、面板、连接构件损坏、锈蚀、变形和五金件故障程度等。

 3 材料检查检测：面板、金属型材、硅酮结构密封胶、石材胶、密封材料、防火保温材料、五金件、预埋件和后置埋件等。

 4 结构和构造检查检测：幕墙支承构件及连接、节点构造和面板装配组件等。

 5 面板现场取样后实验室检测：需在现场拆卸具有代表性的典型既有幕墙面板，送至实验室进行相关力学性能试验。

 6 防雷及防火性能检查检测：幕墙的防雷性能和防火性能的安全性检查检测。

 7 结构承载力核验：对作用在幕墙上的荷载及作用、幕墙面板及连接、支承构件及连接、受力节点及连接、硅酮结构密封胶的结构承载力进行核验。

3.4.6 既有建筑幕墙的安全性鉴定报告应包含相应维护、修缮、整治措施,对问题区域提出加强观察、保护及处理的建议。

3.4.7 既有建筑幕墙的安全性鉴定等级评定为 D_u 级时,应按规定向工程建设主管部门提供有关检测数据。

4 材料的检查检测

4.1 一般规定

4.1.1 建筑幕墙应检查检测面板、金属型材、拉索和拉杆、硅酮结构胶、硅酮密封胶、石材胶、密封材料、防火保温材料、五金件、连接件、紧固件、预埋件和后置埋件等主要材料。

4.1.2 建筑幕墙主要结构材料应检查下列内容：
    1 材料的出厂合格证、性能检测报告、进场验收记录和按规定必需的复验报告。
    2 材料品种、特征参数、强度等与设计文件的相符性。
    3 主要结构材料的制作偏差、腐蚀、受损和变形等。

4.1.3 当建筑幕墙材料的出厂合格证和复验报告不齐全或发现使用材料与设计不相符时，应按现行行业标准《玻璃幕墙工程质量检验标准》JGJ/T 139进行抽样检测，必要时进行计算复核。

4.1.4 建筑幕墙主要结构材料的检测，应符合现行国家标准《钢拉杆》GB/T 20934、《建筑幕墙》GB/T 21086和现行行业标准《玻璃幕墙工程技术规范》JGJ 102、《金属与石材幕墙工程技术规范》JGJ 133、《玻璃幕墙工程质量检验标准》JGJ/T 139以及现行上海市工程建设规范《建筑幕墙工程技术标准》DG/TJ 08—56等相关标准的规定。

4.1.5 当幕墙的材料由于与时间有关的环境效应或其他系统性因素经现场调查存在明显疑问时，应选重点结构部位的该种材料构件作为检测对象。

4.1.6 抽取构件检测时应防止因取样造成幕墙的损坏，必要时应采取加固措施。

4.2 玻 璃

4.2.1 玻璃的检查检测应包括品种、厚度、使用面积、应力、外观质量和边缘处理。当存在本标准第4.1.3条情况时,宜采用无损检测方法确定其品种。

4.2.2 玻璃外观质量主要检查下列内容:
 1 玻璃表面是否有明显的划伤、损伤、霉变、裂纹等现象。
 2 中空玻璃是否有起雾、结露、霉变等现象。
 3 夹层玻璃是否有分层、脱胶、气泡等现象。
 4 镀膜玻璃膜层是否有氧化、变色、脱膜等现象。

4.2.3 玻璃边缘处理情况的检查可采用目测的方法,检查玻璃的磨边、倒棱、倒角质量,是否有缺棱、掉角等缺陷。

4.2.4 玻璃厚度应采用精度为 0.02 mm 的游标卡尺或精度为 0.1 mm 的玻璃测厚仪检测。

4.2.5 玻璃应力应采用下列方法检测:
 1 采用偏振片确定玻璃是否经钢化处理。
 2 采用表面应力检测仪测量玻璃表面应力,按现行行业标准《建筑门窗、幕墙中空玻璃性能现场检测方法》JG/T 454 进行表面应力现场检测。

4.2.6 中空玻璃露点应按照现行国家标准《中空玻璃》GB/T 11944 的规定进行检测。

4.2.7 夹层玻璃所采用的 PVB(聚乙烯醇缩丁醛)或离子性中间层胶片应满足现行国家标准《建筑用安全玻璃 第3部分:夹层玻璃》GB 15763.3 的要求。

4.2.8 当玻璃幕墙出现异常破裂时,应查明玻璃破裂的原因。

4.3 石材、人造面板

4.3.1 石材、人造面板的检查检测应包括品种、厚度、外观质量、边缘处理以及必需的物理力学性能。当采用超出规范所列举的新材料作为面板时，可通过专家评审的方式。

4.3.2 石材、人造面板外观质量主要检查下列内容：

    1 板材不应有裂纹、缺棱、掉角、油痕、锈斑、砂眼、表面风化、明显修补痕迹现象。

    2 板材挂接部位应无缺损。

4.3.3 石材、人造面板的外观质量检查可采用目测的方法。

4.3.4 石材、人造面板厚度应采用精度为 0.02 mm 的游标卡尺检测。

4.3.5 微晶玻璃可用墨水渗透法检查裂纹。

4.3.6 应在幕墙的适当部位抽取石材、人造面板样品进行物理力学性能的检测：

    1 石材的吸水率应根据现行国家标准《天然石材试验方法 第3部分：吸水率、体积密度、真密度、真气孔率试验》GB/T 9966.3 检测，抗弯强度应根据现行国家标准《天然石材试验方法 第2部分：干燥、水饱和、冻融循环后弯曲强度试验》GB/T 9966.2 检测，剪切强度应根据行业标准《干挂饰面石材及其金属挂件 第1部分：干挂饰面石材》JC 830.1—2005 附录 A 检测。

    2 微晶玻璃的抗弯强度应根据现行国家标准《天然石材试验方法 第2部分：干燥、水饱和、冻融循环后弯曲强度试验》GB/T 9966.2 检测。

    3 陶板的吸水率应根据现行国家标准《陶瓷砖试验方法 第3部分：吸水率、显气孔率、表观相对密度和容重的测定》GB/T 3810.3 检测，抗弯强度应根据现行国家标准《陶瓷砖试验方法 第4部分：断裂模数和破坏强度的测定》GB/T 3810.4 检测，抗冲击性能应根据现行国家标准《陶瓷砖试验方法 第5部分：用恢复系数确定砖的抗冲击性》GB/T 3810.5检测。

  4 玻璃纤维增强GRC水泥板的吸水率应根据现行国家标准《纤维水泥制品试验方法》GB/T 7019检测，抗弯强度应根据现行国家标准《玻璃纤维增强水泥性能试验方法》GB/T 15231检测，抗冲击性能应根据现行国家标准《玻璃纤维增强水泥性能试验方法》GB/T 15231检测。

  5 高压热固化木纤维板（千思板）的吸水率、抗弯强度、抗冲击性能应根据现行国家标准《人造板及饰面人造板理化性能试验方法》GB/T 17657检测。

4.3.7 当石材或人造面板出现异常破裂时，应采用检查、检测的方法，综合分析石材或人造面板破裂的原因。

4.4 金属面板

4.4.1 金属面板的主要检查检测内容应包括品种、厚度、表面处理层厚度、外观质量、边缘处理情况以及必需的物理力学性能，面板检查部位除面板本身也应包含耳板和加劲肋等。

4.4.2 金属面板外观质量不应有涂层脱落、压折、油痕、裂纹、裂边、变形、腐蚀、穿通气孔、起皮和毛刺等缺陷。

4.4.3 金属面板的外观质量检查可采用目测的方法。

4.4.4 金属面板厚度应采用精度为0.02mm的游标卡尺或精度为0.1mm的金属测厚仪检测。

4.4.5 金属面板表面处理层厚度测试方法可按相关产品性能试验方法进行检测。

4.5 复合面板

4.5.1 复合面板的主要检测内容应包括品种、厚度、外观质量情况以及必需的物理力学性能。

4.5.2 复合面板不应有裂纹、边缘缺棱、缺角、锈斑、起鼓等缺陷和表面风化侵蚀现象。

4.5.3 复合面板的外观质量检查可采用目测的方法。

4.5.4 复合面板厚度应采用精度为 0.02 mm 的游标卡尺检测。

4.5.5 必要时应在幕墙的适当部位抽取复合面板样品，按下列方法进行物理力学性能的检测：

  1 铝合金面板与夹芯层的剥离强度应按现行国家标准《夹层结构滚筒剥离强度试验方法》GB/T 1457 检测。

  2 超薄型石材蜂窝板的螺栓拉拔力应按现行国家标准《人造板及饰面人造板理化性能试验方法》GB/T 17657 检测。

  3 复合面板的防火级别应按现行国家标准《建筑材料及制品燃烧性能分级》GB 8624 检测。

4.6 铝合金型材、钢材

4.6.1 铝合金型材的检查检测应包括规格、厚度、韦氏硬度、表面质量、表面处理；钢材的检查检测应包括规格、厚度、表面质量、防腐处理。

4.6.2 铝合金型材、钢材的外观质量主要检查下列内容：

  1 铝合金型材与其他金属接触部位不应有电化学腐蚀现象，检查部位包括螺栓连接、与主体结构连接处和避雷跨接点等处的铝合金型材。

  2 主要受力部位的铝合金型材、钢材不应有变形和损坏现象。

4.6.3 隔热型材复合部位外观质量，穿条式隔热型材复合部位涂层允许有轻微裂纹，铝合金基材不应有裂纹。浇注式隔热型材连接铝桥的切口应规则、平整。

4.6.4 钢材、钢制品表面不得有裂纹、气泡、结疤、泛锈、夹杂和折叠等,其牌号、规格、化学成分、力学性能、质量等级应符合国家现行标准的规定,并具有抗拉强度、伸长率、屈服强度和化学元素(碳、锰、硅、硫、磷)含量的合格保证。

4.6.5 当存在以下情况时,应截取非主要受力部位的铝合金型材,按现行国家标准《铝合金建筑型材》GB/T 5237.1～6 的有关试验方法进行材料性能试验:

　　1 铝合金型材无出厂证明、无检验报告或无法说明材料品质。

　　2 所用铝合金型材韦氏硬度不符合现行国家标准《铝合金建筑型材》GB/T 5237.1～6 的规定。

4.6.6 钢材力学性能指标应符合现行国家标准《低合金高强度结构钢》GB/T 1591 的规定。当钢材无出厂证明、无检验报告或无法说明材料品质时,应现场取样进行实验室检测。

4.6.7 型材壁厚应采用精度为 0.02 mm 的游标卡尺或精度为 0.1 mm 的金属测厚仪检测,重点检测型材截面主要受力部位的厚度。

4.6.8 型材表面处理膜层厚度应采用精度为 0.5 μm 的膜厚检测仪检测。

4.6.9 铝合金型材韦氏硬度应依据现行行业标准《铝合金韦氏硬度试验方法》YS/T 420 采用钳式手提韦氏硬度计进行检测。

4.7　拉索和拉杆

4.7.1 拉索和拉杆的外观质量检查应采用目测和手试的方法,检查拉索(拉杆)是否存在锈蚀、刻痕、松弛以及钢绞线断丝的现象。

4.7.2 索杆体系应检查耳板的表观质量、变形情况以及焊缝的焊接质量、拉索锚具的连接质量。

4.7.3 拉索体系支承结构的玻璃幕墙,应采用可靠有效的方法对拉索索力进行检测。

4.8 硅酮结构密封胶与密封材料

4.8.1 硅酮结构密封胶与密封材料的检查检测应包括外观质量、粘结宽度及厚度、注胶质量、粘结质量、邵氏硬度、拉伸粘结强度和断裂伸长率等性能。

4.8.2 硅酮结构密封胶的外观质量主要检查下列内容：

   1 硅酮结构密封胶的外观检查应在良好的自然光条件下，采用目测的方法进行检查，检查方法应满足下列要求：

      1）从幕墙外侧检查时，玻璃与硅酮结构密封胶粘结面不应出现粘结不连续的缺陷，粘结面处玻璃表观应均匀一致。

      2）从幕墙内侧检查时，硅酮结构密封胶与相邻粘结材料处不应有开裂、起泡、脱胶、变（褪）色、软化发粘、化学析出物等现象，也不应有潮湿、漏水现象。

   2 隐框或半隐框玻璃幕墙应检查、检测硅酮结构密封胶粘结面有无不相容现象。

4.8.3 硅酮结构密封胶的注胶质量检测应采用精度为 0.02 mm 的游标卡尺测量结构密封胶的厚度和宽度，并应在工程现场切开结构密封胶，观察截面颜色均匀度和注胶的饱满密实情况。

4.8.4 硅酮结构密封胶现场检测应分区、分批次进行，根据现场使用环境选取性能易退化部位进行取样检测。每组对应一条胶缝，每条胶缝选取 3 处进行检测。

4.8.5 当铝合金型材表面采用有机涂层处理时，应审查硅酮结构密封胶底漆处理施工记录。

4.8.6 硅酮结构密封胶邵氏硬度的检测应根据现行国家标准《硫化橡胶或热塑性橡胶压入硬度试验方法 第1部分：邵氏硬度计法（邵尔硬度）》GB/T 531.1 的规定进行检测，其检测结果应根据现行国家标准《建筑用硅酮结构密封胶》GB 16776 的规定进行判定。

4.8.7 硅酮结构密封胶的成分检测应通过傅立叶变换红外光谱仪进行检测，根据有机物官能团的特征峰鉴别。

4.8.8 当硅酮结构密封胶的邵氏硬度超过规定范围或粘结面质量达不到要求时，应进行粘接性能检测。粘接性能检测应按现行行业标准《玻璃幕墙粘结可靠性检测评估技术标准》JGJ/T 413 的规定执行。

4.8.9 橡胶材料应符合现行国家标准《工业用橡胶板》GB/T 5574、《建筑门窗、幕墙用密封胶条》GB/T 24498 和现行行业标准《建筑橡胶密封垫——预成型实心硫化的结构密封垫用材料规范》HG/T 3099 的规定，橡胶密封材料应有良好的弹性和抗老化性能，低温时能保持弹性，不发生脆性断裂。

4.8.10 幕墙开启窗周边缝隙应采用三元乙丙橡胶或硅橡胶密封条密封，胶条邵氏硬度宜不大于 50。

4.9 紧固件、五金件及其他配件

4.9.1 紧固件、五金件及其他配件应检查检测品种规格、外观质量、表面腐蚀及使用功能。

4.9.2 紧固件、五金件及其他配件质量应符合下列规定：

  1 外露紧固件、五金件及配件应采用奥氏体不锈钢；非不锈钢紧固件不应腐蚀。

  2 表面应光洁，不应有斑点、砂眼及明显划痕。

  3 金属层应色泽均匀，不应有气泡、露底、泛黄、龟裂等缺陷，强度、刚度应符合设计要求。

  4 滑撑、限位器、锁的铆接处不得松动，转动和滑动的连接处应灵活，无卡阻现象。

  5 锁及其他配件应开关灵活、组装牢固，多点连动锁的配件

其连动性应一致。

  6 滑撑、限位器、锁等功能性配件的相应参数及承载能力应满足设计要求。

4.9.3 紧固件、五金件及其他配件检查检测应采用下列方法：

  1 用磁铁检查材质。

  2 采用观察检查和手动试验的方法，检查外观质量和活动性能。

4.9.4 紧固件、五金件及其他配件镀层不得有气泡、露底、脱落等明显缺陷。

4.9.5 后置埋件的检查检测，应包括埋板的尺寸规格、表面腐蚀，锚栓的品种、规格、数量及锚固状态。

5 结构和构造的检查检测

5.1 一般规定

5.1.1 既有建筑幕墙的结构和构造检查,宜对建筑幕墙的竣工图、计算书、设计变更文件及相关竣工资料、改造竣工资料等进行资料核查;宜对幕墙现状与设计文件以及现行国家、行业和地方标准的相符情况进行现场核验。

5.1.2 既有建筑幕墙的隐蔽验收记录应检查下列内容:
    1 预埋件(或非预埋形式的连接件)。
    2 构件与主体结构及构件之间的连接构造。
    3 变形缝及墙面转角处的构造节点。
    4 幕墙防雷节点。
    5 幕墙防火节点。
    6 幕墙热工构造。
    7 幕墙排水构造。

5.1.3 既有建筑幕墙隐蔽部位的现场检查,可采用无损或局部破损的方法进行抽样检查,必要时应暴露隐蔽部分进行检查和检测。

5.1.4 既有建筑幕墙主要结构和构造的检测要求及方法,可参照现行国家标准《建筑装饰装修工程质量验收标准》GB 50210、现行行业标准《玻璃幕墙工程质量检验标准》JGJ/T 139 或其他相应的标准。

5.1.5 当既有建筑幕墙实际结构或构造与设计不相符时,应采取下列方法进行检查和检测:
    1 当设计文件、竣工图纸等不齐全时,应补充测绘建筑幕墙的典型分格、与主体结构连接方式和主要构造节点等。

  2 当隐蔽验收记录不齐全时,可采用无损或局部破损的方法进行抽样检测,应暴露隐蔽部分进行检测。

  3 与设计不相符时,应按抽样检测的结果,核验建筑幕墙结构承载力。

5.2 检查检测的内容和方法

5.2.1 既有建筑幕墙主要受力杆件平面外偏差应按下列内容和方法进行检测:

  1 检测内容应包括:

    1) 相邻立柱的平面外直线度,包括直线度超差处的幕墙与主体结构连接节点。

    2) 相邻面板外表面平面外高低差,包括高差超差处的面板固定节点。

  2 检测方法应包括:

    1) 幕墙构件外侧可采用激光全站仪进行测量。

    2) 幕墙构件内侧可采用靠尺和塞尺、线锤进行测量。

5.2.2 既有建筑幕墙结构和构造应按下列内容和方法进行检查:

  1 检查内容应包括:

    1) 预埋件与幕墙连接节点。

    2) 锚栓的连接节点。

    3) 立柱的连接节点。

    4) 横梁、立柱的连接节点。

    5) 变形缝连接节点。

    6) 全玻璃幕墙的玻璃与吊夹具连接节点、吊夹具与主体结构连接节点。

    7) 拉杆(索)结构节点,耳板及焊缝。

  8）开启部位构造节点。
  9）点支承装置的节点和配件。
  10）采光顶连接构造。
  11）悬挑雨棚、装饰（遮阳）构件连接构造。
 2 检查方法应包括：隐蔽部位检查，宜采用无损或局部破损的方式进行抽样检查，必要时可打开隐蔽部分进行检查。

5.2.3 玻璃、玻璃装配组件的安装应按下列内容和方法进行检测：
 1 检测内容应包括：
  1）隐框玻璃幕墙的玻璃装配组件的固定压码规格、数量、材质、固定情况。
  2）明框玻璃幕墙玻璃槽口的配合尺寸是否符合规范要求。
  3）密封材料的密封性能是否完好。
 2 检测方法应包括：
  1）清除固定压码外侧的密封胶后，观察和检测玻璃装配组件的固定压码安装。
  2）局部清除玻璃嵌固橡胶条，采用游标深度卡尺测量玻璃槽口相应的配合尺寸。
  3）玻璃装配组件存在安装缺陷的区域，应做现场气密性检测。
  4）选取密封材料易老化区域，做现场淋水试验。

5.2.4 幕墙开启扇的安全性能，应对其面板、开启扇松动现象、开启扇与固定框之间连接、开启顺畅性和开启异响进行检查检测，上悬开启扇应检查其防坠落装置，对安全有影响时可采用相应的方法对开启窗进行抗风压性能检测或分析。

5.2.5 当缺少建筑幕墙设计文件，且工程现场难以测量幕墙构造、构件截面几何尺寸时，可采用适当的方法对最不利工况下的建筑幕墙板块或构件进行抗风压性能检测和计算分析。

6 防雷及防火性能的检查检测

6.1 防雷性能的检查检测

6.1.1 既有建筑幕墙工程防雷措施的检验抽样,应符合下列规定:

1 有均压环的楼层数少于或等于3层时,应全数检查;多于3层时,抽查不得少于3层。对有女儿墙盖顶的必须检查,每层抽查不应少于3处。

2 无均压环的楼层抽查不得少于2层,每层抽查不应少于3处。

6.1.2 既有建筑幕墙防雷性能应检查下列内容:

1 建筑幕墙竣工图和变更文件、改造竣工资料中的防雷设计资料等。

2 建筑幕墙防雷装置的安装施工记录。

3 防雷等电位连接、接地测试记录和隐蔽项目的检查记录。

4 建筑幕墙防雷装置测试记录报告等文件的归档、保管。

5 建筑物及幕墙曾遭受雷击或影响时,向上级或防雷主管单位的报告及遭受雷击痕迹的照片。

6.1.3 既有建筑幕墙防雷性能应检测下列项目:

1 幕墙立柱、横梁与建筑物防雷装置连通,并入建筑物主体的防雷体系。

2 建筑幕墙顶部防雷措施。

3 建筑幕墙金属构件与防雷装置连接。

4 建筑幕墙金属构件之间连通。

5 建筑幕墙接地电阻的检测。

6 建筑幕墙外墙上的建筑幕墙栏杆、幕墙开启窗等较大金属物应与防雷装置连接。

7 在对等电位连接导体进行螺栓或螺丝连接时,应将材料表面处理后进行连接。

6.1.4 既有建筑幕墙防雷性能应满足建筑主体设计要求,其共同防雷接地电阻值应符合现行国家标准《建筑物防雷设计规范》GB 50057 和现行行业标准《民用建筑电气设计规范》JGJ 16 的相关规定。

6.2 防火性能的检查检测

6.2.1 既有建筑幕墙工程防火构造现场抽检不得少于 3 处。

6.2.2 既有建筑幕墙防火性能资料检查应包含下列内容:

1 建筑幕墙竣工图和变更文件、改造竣工资料中的防火设计资料等。

2 幕墙工程所用材料(防火玻璃、金属复合板、防火材料、封堵材料、防火涂料等)的产品合格证书、燃烧性能检测报告、耐火性能检测报告、进场验收记录和复验报告。

3 其他质量保证资料。

6.2.3 既有建筑幕墙防火构造检查应包含下列内容:

1 幕墙与楼板边缘实体墙及隔墙之间的缝隙、幕墙与建筑实体墙面间的空腔以及建筑洞口边缘等部位缝隙的封堵情况和封堵材料。

2 同一幕墙玻璃面板不应跨越上下左右相邻的防火分区。

3 层间封堵的岩棉、矿棉等封堵材料是否存在缺失、受潮和人为破损等情况。

4 防火封堵的承托板或支承构架是否牢固可靠,有无缺失、锈蚀、承载力不足等情况。

6.2.4 既有幕墙防火性能应符合现行国家标准《建筑设计防火

规范》GB 50016 的相关规定，所使用的材料燃烧性能应满足现行国家标准《建筑材料及制品燃烧性能分级》GB 8624 的规定,构件耐火性能应符合现行国家标准《建筑构件耐火试验方法》GB/T 9978 的规定。

6.2.5 既有建筑幕墙的防火封堵构造系统，应具有伸缩能力、密封性和耐久性；遇火时，在规定的耐火极限内应保持完整性、隔热性和稳定性。防火封堵系统所使用的材料应符合现行国家标准《防火封堵材料》GB 23864 的规定。

6.2.6 既有建筑幕墙用消防排烟窗应符合现行上海市工程建设规范《建筑幕墙工程技术标准》DG/TJ 08—56 的相关规定,应检查自动启闭装置是否灵活，检查其与火灾自动报警系统的联动，并对外侧下悬消防排烟窗检查其开启角度。

7 结构承载力核验

7.1 一般规定

7.1.1 当委托方未提供设计文件时,应按照现行国家、行业和本市有关标准,核验最不利工况下建筑幕墙与主体结构连接、建筑幕墙单元面板、支承构件、连接及节点的承载力和变形。

7.1.2 建筑幕墙材料的强度设计值应按实际状态确定,并应采用下列方法:

    1 当原设计文件有效,且材料无严重的性能退化、施工偏差在允许范围内时,可采用材料强度标准值来推算。

    2 当检测表明不符合上款的要求时,应按检测结果确定相关材料的强度标准值。

7.1.3 建筑幕墙的构件和节点核验应按实际状态确定,并应符合下列要求:

    1 构件和节点的几何参数应采用实测值,并应计入锈蚀、腐蚀和施工偏差等因素的影响。

    2 计算模型和边界条件应符合实际状态。

7.2 面板及连接

7.2.1 面板及连接核验应符合现行上海市工程建设规范《建筑幕墙工程技术标准》DG/TJ 08—56 的规定,按不同的面板支承形式,核验面板最大应力和挠度。

7.2.2 玻璃面板支承连接承载能力核验,应符合下列规定:

    1 采用螺纹紧固件固定的框支承玻璃面板,应核验螺纹连接承载能力,玻璃面板固定连接件(如压块、压板等)应核验受弯和受剪能力。

2 点支承玻璃面板的连接应核验点支承装置承载能力,应进行点支承装置承载能力的抽样检测,抽样数量应不少于5个。

3 核验点支承玻璃的孔边应力,应进行点支承玻璃的抗风压性能试验。

4 应核验硅酮结构密封胶厚度与宽度。

7.2.3 金属面板支承连接承载能力核验,应符合下列规定:

1 按不同的支承形式,应进行金属面板中肋和边肋最大应力和挠度的核验。

2 螺纹紧固件固定的金属面板,应进行螺纹连接承载能力核验。

3 挂钩固定的金属面板,应进行挂钩受剪和承压承载能力核验。

7.2.4 石材面板和人造板支承连接承载能力核验,应符合下列规定:

1 采用钢销式、短挂件、通长挂件连接形式的面板应核验连接处槽口的剪切应力。

2 面板连接所采用的钢销、铝合金挂件、不锈钢螺栓等应核验抗弯及抗剪强度。

3 采用背栓式支承连接的面板,应进行背栓连接承载能力核验,必要时应进行背栓连接承载能力的抽样检测。

4 对于采用钢销连接的既有建筑幕墙,经现场检测后,应进行受力安全性试验验证。

7.3 构件式、单元式幕墙的主要受力杆件

7.3.1 幕墙的立柱、横梁应根据实际支承条件,采用相应的计算模型进行结构承载力核验;开口铝合金立柱强度折减应按上海市

工程建设规范《建筑幕墙工程技术标准》DG/TJ 08—56—2019 附录H进行。

7.3.2 幕墙立柱由于安装制造而产生压应力时,应进行立柱截面的偏心受压承载力核验。

7.3.3 幕墙面板在横梁上偏置使横梁产生较大的扭矩时,应进行横梁抗扭承载力核验。

7.4 点支承玻璃幕墙的支承结构

7.4.1 索杆体系应核验在各种受力状况下的拉杆强度、整体稳定和局部稳定,并核验拉杆、拉索的张力。索杆体系张力存在异常情况时,应分析异常原因,对比相邻索、杆张力。

7.4.2 拉索的张拉力宜采用张拉仪法或液压法进行检测,也可采用频率测定法等非破损测量方法进行。预拉力实测值与设计值的偏差不应超过设计值±10%。检测前应对测试装置进行标定,设备精度应达到检测值的5%。

7.4.3 非自平衡形式的索杆体系应核验其对主体结构的影响。

7.4.4 单层索网及单拉索支承结构中的拉索应保持受拉,并核验单层平面索网及单拉索的挠度。

7.5 全玻璃幕墙的支承结构

7.5.1 全玻璃幕墙的玻璃肋,应按现行行业标准《玻璃幕墙工程技术规范》JGJ 102 的规定进行风荷载标准值作用下的挠度核验。高度大于 8 m 的玻璃肋宜进行平面外的稳定验算,高度大于 12 m 的玻璃肋应进行平面外稳定验算。

7.5.2 全玻璃幕墙的胶缝,应按现行行业标准《玻璃幕墙工程技术规范》JGJ 102 的规定进行承载力核验。

7.5.3 当玻璃肋采用金属件连接时,应验算连接处的承载力。

8 定期检查报告

8.1 定期检查分级

8.1.1 既有建筑幕墙的定期检查,应从面板、受力构件、开启部位、结构胶及密封胶、连接构造等多个子项进行分级评定,见表8.1.1-1～表8.1.1-5。

表8.1.1-1 面板的评定等级

面板类型	a_r	b_r			c_r						d_r
	a-1	b-1	b-2	b-3	c-1	c-2	c-3	c-4	c-5	c-6	d-1
玻璃面板	无缺陷	夹层玻璃有局部分层、起泡、脱胶现象	面板有明显污染、变色、镀膜破坏现象	玻璃面板有缺损（面积≤1 cm²）	玻璃面板为浮法玻璃或浮法半钢化玻璃	玻璃面板有缺损（面积＞1 cm²）	玻璃面板之间有不正常有挤压、错位或变形	玻璃面板有松动、松脱、剥离等现象	夹层玻璃有严重分层、起泡、脱胶现象	中空玻璃中空层出现水汽或起雾	单层玻璃破碎、中空玻璃有一片破碎
石材面板	无缺陷	粗粒、松散、多孔、色差			裂纹、缺棱、掉角、暗裂、风化						面板开裂、脱落

— 29 —

续表8.1.1-1

面板缺陷检查

面板类型	a_r	b_r			c_r						d_r
	$a-1$	$b-1$	$b-2$	$b-3$	$c-1$	$c-2$	$c-3$	$c-4$	$c-5$	$c-6$	$d-1$
金属面板	无缺陷	涂层脱落、压折、油痕、凹凸、不平整、表面划痕			板材连接部位缺损、腐蚀						面板松动、脱落
人造面板	无缺陷	缺棱缺角、表面轻微擦伤、划伤			裂缝、窝坑、明显的擦伤、划伤						面板开裂、松动、脱落
复合面板	无缺陷	缺棱缺角、表面轻微擦伤、划伤			裂缝、窝坑、明显的擦伤、划伤						面板开裂、松动、脱落

表8.1.1-2 受力构件及外露构件（型材）缺陷检查

a_r	b_r	c_r				d_r	
$a-1$	$b-1$	$c-1$	$c-2$	$c-3$	$c-4$	$d-1$	$d-2$
无缺陷	构件有明显锈蚀或局部变形	构件有不正常挤压、错位	构件有松动、松脱、裂纹	构件有被不当拆卸、更改	固定构件的连接件、紧固件有损坏、缺失或严重锈蚀	型材锈蚀后有效壁厚明显小于设计值	构件有破损、严重变形

表8.1.1-3 开启部分的评定等级

开启部分缺陷检查

a_r	b_r				c_r						d_r	
a-1	b-1	b-2	b-3	b-4	c-1	c-2	c-3	c-4	c-5	c-6	d-1	d-2
无缺陷	五金配件或固定五金配件螺钉明显锈蚀	开启门窗启闭不顺畅,闭合不严	开启门窗存在轻微雨水渗漏现象	密封胶条有硬化现象	外开窗开启角度大于30°或开启距离大于300 mm	隐框开启扇玻璃无托条,无护边	合页(铰链)、滑撑副撑、滑锁等五金配件损坏、松脱或缺失	固定五金配件的螺钉松动、损坏、缺失或严重锈蚀	开启门窗不能正常启闭或明显变形	开启门窗闭合不严密,有功能性损坏或障碍,下雨时出现持续渗漏现象	挂钩式开启窗无防脱限位措施或防脱限位措施不可靠	锁点、锁座未有效搭接;锁闭状态下,锁点和锁块未有效搭接

表8.1.1-4 结构胶/密封胶的评定等级

结构胶/密封胶缺陷检查

a_r	b_r		c_r			d_r		
a-1	b-1	b-2	c-1	c-2	c-3	d-1	d-2	d-3
无缺陷	隐框幕墙离线低辐射镀膜玻璃粘结部位未作除膜处理	硅酮结构胶、硅酮密封胶有明显干硬、粉化现象	硅酮结构胶有明显龟裂或与基材分离的现象	硅酮结构胶有明显剪切变形	隐框幕墙中空玻璃、隐框开启扇中空玻璃结构胶为非硅酮胶	隐框幕墙中空玻璃接内外片玻璃结构胶、粘接玻璃与型材的结构胶不满足至少有一对边重合的要求		硅酮结构胶有严重龟裂或存在与基材严重分离现象

表 8.1.1-5 连接构造的评定等级

连接构造缺陷检查

幕墙类型	a_r	b_r						c_r						d_r
	a-1	b-1	b-2	b-3	b-4	b-5	b-6	c-1	c-2	c-3	c-4	c-5	c-6	d-1
玻璃幕墙	无缺陷	埋件或背部连接件有变形、损伤或明显锈蚀	支承构件的连接件有变形、损伤或明显锈蚀	上下立柱芯柱同腔小于15mm,芯柱或连接螺栓存在松动和明显锈蚀	明框幕墙玻璃下部有弹性垫块,但数量少于2块	点支承幕墙驳接头、驳接爪有松动,驳接爪衬垫有明显老化	明框幕墙玻璃采用自攻螺钉固定	埋件有变形、损伤或严重锈蚀,焊缝有开裂或明显裂纹或严重锈蚀	支承构件之间的连接松动;连接件或紧固件损坏,缺失或严重锈蚀	明框幕墙玻璃嵌固部未设玻璃嵌固量小于15mm	明框幕墙玻璃下部未设弹性垫块	点支承幕墙夹具件夹动,夹具件与玻璃刚性接触,有明显变形	隐框玻璃幕墙使用自攻螺钉固定	连接构造方式有严重缺陷,连接件缺失或严重锈蚀等
石材幕墙	无缺陷	埋件或背部连接件有变形、损伤或明显锈蚀	支承构件松动、损伤或明显锈蚀	横立柱连接螺栓松动和明显锈蚀	上下立柱芯柱同腔小于15mm,芯柱或连接螺栓存在松动和明显锈蚀	采用钢销、T形连接件和角形、倾斜连接件,连接件存在松动、变形和明显锈蚀	背栓或其他支承构件连接件存在松动、变形和明显锈蚀	埋件、背部连接件和支承构件的连接有变形、损伤或严重锈蚀,焊缝有开裂或明显裂纹或严重锈蚀	上下立柱未采用不锈钢芯柱连接;芯柱与立柱未采用不锈钢螺栓固定	窄条面板与构架连接点少于2个;支承点、倒挂石材未采用有效的防坠落措施	明框幕墙短面槽连接的不锈钢挂件小于3mm,铝合金挂钩厚度小于4mm	横梁与立柱连接每处螺栓小于2个;螺钉直径小于4mm,单边销连接数小于3个	钢销连接板未采用不锈钢;钢销每处连接数小于2处,侧边无有效连接	连接构造方式有严重缺陷,连接件缺失或严重锈蚀等

续表 8.1.1-5

连接构造缺陷检查

幕墙类型	a_r	b_r						c_r						d_r
	a-1	b-1	b-2	b-3	b-4	b-5	b-6	c-1	c-2	c-3	c-4	c-5	c-6	d-1
金属幕墙	无缺陷	埋件或背部连接件有明显锈蚀	支承构件的连接件松动、损伤明显或锈蚀	横梁与立柱连接螺栓松动和明显锈蚀	上下立柱芯柱间隙小于15mm或芯柱连接螺栓存在松动和明显锈蚀	受力的铆钉或螺栓存在松动、变形和明显锈蚀	金属板固定螺栓松动和明显锈蚀	埋件有变形、损伤或严重锈蚀,焊缝有开焊、裂纹明显或严重锈蚀	支承构件之间的连接松动,连接件损坏、缺失或严重锈蚀	边肋、中肋等加劲肋损坏失效或严重锈蚀	上下立柱未采用芯柱连接;芯柱与立柱未采用不锈钢螺栓固定	金属板沿边材固定螺栓直径小于4mm	受力的铆钉或螺栓,每处连接少于2个	连接构造方式有严重缺陷,连接件缺失或严重锈蚀等

8.1.2 对于现场全数检查中 c_r 等级的子单元,应根据处理建议逐一进行处理。

8.2 定期检查结果评定

8.2.1 既有建筑幕墙定期检查的综合评定及相应措施应按表8.2.1的规定进行。

表8.2.1 定期检查等级的综合评定及相应措施

等级	分级标准	子项安全等级	相应措施
A_r	安全性能符合要求,不影响建筑幕墙的继续使用	子项为 b_r 级的数量小于2个;不存在子项为 c_r 级	根据"使用维护说明书"进行日常维护
B_r	安全性能略低,尚不显著影响建筑幕墙的继续使用	任2个及以上子项为 b_r 级;存在1个子项为 c_r 级	委托专业的维修单位进行局部维修
C_r	安全性能不足,已显著影响建筑幕墙的继续使用	任2个及以上子项为 c_r 级	委托专业的安全性鉴定单位进行幕墙鉴定,或专项维修
D_r	安全性严重不符合要求,已严重影响建筑幕墙的继续使用	任一个子项为 d_r 级	采取必要的应急抢险措施,尽快委托专业的安全性鉴定单位进行幕墙鉴定,或整体大修

8.2.2 建筑幕墙经定期检查为 B_r 级时,应委托专业的维修单位进行局部维修;定为 C_r 或 D_r 级时,应委托专业的安全性鉴定单位进行幕墙鉴定,并根据缺陷严重程度和具体鉴定结论,有针对性地进行维修。

9 安全性鉴定报告

9.1 安全性鉴定分级

9.1.1 既有建筑幕墙的安全性鉴定,应从结构承载能力、构造、变形(或位移)3个子项进行分级评定。

9.1.2 既有建筑幕墙结构承载能力应先按表9.1.2评定,再取其中最低一级作为建筑幕墙承载能力的等级。

表9.1.2 结构承载能力的评定等级

项目		a_u级	b_u级	c_u级	d_u级
面板及连接		$f/\sigma \geqslant 1.00$	$0.90 \leqslant f/\sigma < 1.00$	$0.85 \leqslant f/\sigma < 0.90$	$f/\sigma < 0.85$
支承构件及连接		$f/\sigma \geqslant 1.00$	$0.90 \leqslant f/\sigma < 1.00$	$0.85 \leqslant f/\sigma < 0.90$	$f/\sigma < 0.85$
受力节点及连接		$f/\sigma \geqslant 1.00$	$0.90 \leqslant f/\sigma < 1.00$	$0.85 \leqslant f/\sigma < 0.90$	$f/\sigma < 0.85$
结构胶	粘结强度	粘结强度≥0.6 MPa	0.45 MPa≤粘结强度<0.60 MPa	粘结强度<0.45 MPa	已部分脱胶
	硬度	20≤邵氏硬度≤60		邵氏硬度>60	

9.1.3 既有建筑幕墙构造应先按表9.1.3评定,再取其中最低一级作为建筑幕墙构造的等级。

表9.1.3 构造的评定等级

项目	a_u级	b_u级	c_u级	d_u级
面板构造	面板品种、厚度符合现行标准、规范和原设计要求,无缺陷	面板品种、厚度符合现行标准、规范和原设计要求,仅有局部表面缺陷	面板品种、厚度不符合现行标准、规范和原设计要求,存在局部破损	面板品种、厚度不符合现行标准、规范和原设计要求,存在破损等明显缺陷,已影响或显著影响正常工作

续表9.1.3

项目	a_u级	b_u级	c_u级	d_u级
构件构造	主要支承构件截面、壁厚及长细比符合现行标准、规范和原设计要求,无缺陷	主要支承构件截面、壁厚及长细比符合现行标准、规范和原设计要求,仅有局部表面缺陷	主要支承构件截面、壁厚及长细比不符合现行标准、规范和原设计要求,存在明显缺陷	主要支承构件截面、壁厚及长细比不符合现行标准、规范和原设计要求,存在明显缺陷,已影响或显著影响正常工作
连接构造	符合现行标准、规范和原设计要求,构造连接方式正确,受力可靠,无变形、滑移、松动或其他缺陷,工作无异常	基本符合现行标准、规范和原设计要求,构造连接方式正确,受力可靠,无明显变形、滑移、松动或其他缺陷,工作无异常	不能完全符合现行标准、规范和原设计要求,构造连接方式不当,构造有缺陷,局部发生变化、松动	不符合现行标准、规范和原设计要求,构造连接方式有严重缺陷,已导致预埋件、焊缝或螺栓等发生明显变形、滑移、局部拉脱、剪坏或裂缝
防雷构造	符合现行标准、规范和设计要求,无缺陷	符合现行标准、规范和设计要求,工作无异常,仅有局部表面缺陷	不能完全符合现行标准、规范和设计要求,局部存在防雷构造隐患	不符合现行标准、规范和设计要求,工作异常,存在防雷构造隐患或失效
防火构造	符合现行标准、规范和设计要求,无缺陷	符合现行标准、规范和设计要求,工作无异常,仅有局部表面缺陷	不能完全符合现行标准、规范和设计要求,局部存在防火构造隐患	不符合现行标准、规范和设计要求,工作异常,存在防火构造隐患或失效

9.1.4 建筑幕墙变形(或位移)应先按表9.1.4评定等级,再取其中最低一级作为建筑幕墙变形(或位移)的等级。

表 9.1.4 变形(或位移)的评定等级

项目	a_u 级	b_u 级	c_u 级	d_u 级
面板支承构件节点	$d_{f,\lim}/d_f \geqslant 0.95$	$0.90 \leqslant d_{f,\lim}/d_f < 0.95$	$0.85 \leqslant d_{f,\lim}/d_f < 0.90$	$d_{f,\lim}/d_f < 0.85$

9.2 安全性鉴定结果评定

9.2.1 既有建筑幕墙安全性能的综合评定及相应措施应按表 9.2.1 的规定进行。

表 9.2.1 安全性能等级的综合评定及相应措施

等级	分级标准	子项安全等级	相应措施
A_u	安全性能符合要求,不影响建筑幕墙的继续使用	承载能力为 a_u 级,构造、变形不低于 b_u 级	无
B_u	安全性能略低,尚不显著影响建筑幕墙的继续使用	承载能力不低于 b_u 级,构造、变形不低于 c_u 级	更换材料或加固相应构件、节点
C_u	安全性能不足,已显著影响建筑幕墙的继续使用	承载能力为 c_u 级	加固相应构件、节点或拆除部分结构重建
D_u	安全性严重不符合要求,已严重影响建筑幕墙的继续使用	任一子项为 d_u 级	拆除部分或全部结构,同时应采取必要的应急措施

9.2.2 建筑幕墙经鉴定安全性能等级为 B_u 级时,应对存在问题采取相应的措施;定为 C_u 级时,应根据缺陷严重程度和具体情况有针对性地提出处理措施建议;定为 D_u 级时,应采取拆除措施和必要的应急措施。

附录 A 检查报告(示例)

既有建筑幕墙检查报告

委托编号:

报告编号:

项目名称:_____

委托单位:_____

报告日期:_____

检查单位(盖章)

年　月　日

目 录

1 既有建筑幕墙概况
2 检查依据
3 基本技术资料
4 现场检查结果
5 现场测绘要求
6 检查结论

既有建筑幕墙
检查报告

1 既有建筑幕墙概况
   1.1 名称：
   1.2 地址：
   1.3 幕墙楼栋编号或者项目报建编号：
   1.4 开竣工时间：
   1.5 建设单位：
   1.6 幕墙设计单位：
   1.7 幕墙施工单位：
   1.8 物业管理公司：
   1.9 现场检查日期：

2 检查依据
   上海市工程建设规范《既有建筑幕墙检查及安全性鉴定技术标准》DG/TJ 08—803

3 基本技术资料
   3.1 主体结构概况（包括建筑物高度、主体结构形式；主楼幕墙高度、结构层高度；裙房幕墙高度、结构层高度；幕墙与主体结构连接形式）
   3.2 幕墙类型、面积及使用部位（附照片）

3.3　幕墙材料(包括型号、规格、种类、生产厂家、测试报告)
　　3.4　幕墙物理检测报告、定期检查报告
4　现场检查结果
　　4.1　外观质量普查
　　4.2　面板
　　4.3　金属型材(包括外露构件)
　　4.4　结构胶及密封胶
　　4.5　开启部位
　　4.6　幕墙受力构件与主体结构连接
　　4.7　幕墙周边封口、变形缝的处理
　　4.8　幕墙排水系统
　　4.9　其他
5　现场测绘要求
　　5.1　各类型建筑幕墙的外立面图(见附图)
　　5.2　典型节点的横剖图、竖剖图(见附图)
6　检查结论(视检查情况描述)
　　6.1　经检查本幕墙的质量保证资料、现场使用情况和技术资料,符合(或基本符合)现行的国家幕墙相关要求,在做好日常维护保养的同时尚可安全使用。

　　6.2　经检查本幕墙的质量保证资料、现场使用情况和技术资料,存在如下具体问题,不符合现行的国家幕墙相关(明确不符合项)规定,建议进行安全性鉴定,以保证幕墙的安全使用。

　　检查员：＿＿＿＿＿＿＿＿(签名)
　　检查组长：＿＿＿＿＿＿＿＿(签名)
　　检查单位负责人：＿＿＿＿＿＿＿＿(签名)

　　　　　　　　　　　　＿＿＿＿＿＿＿＿检查单位(盖章)
　　　　　　　　　　　　　　　年　　月　　日

附录 B 鉴定报告(示例)

既有建筑幕墙
安全性鉴定报告

委托编号：
报告编号：

项目名称：_____

委托单位：_____

报告日期：_____

鉴定单位(盖章)
年　　月　　日

目 录

1 既有建筑幕墙概况
2 鉴定依据
3 基本技术资料
4 结构和构造检测
5 现场检测结果
6 材料(实验室)检测
7 结构计算复核
8 安全性等级评定
9 鉴定结论及相关建议

既有建筑幕墙
安全性鉴定报告

1 既有建筑幕墙概况

　1.1 名称：

　1.2 地址：

　1.3 幕墙楼栋编号或者项目报建编号：

　1.4 开竣工时间：

　1.5 建设单位：

　1.6 幕墙设计单位：

　1.7 幕墙施工单位：

　1.8 物业管理公司：

　1.9 现场鉴定日期：

2 鉴定依据

　国家标准《建筑结构荷载规范》GB 50009；

　上海市工程建设规范《建筑幕墙工程技术标准》DG/TJ 08—56；

　上海市工程建设规范《既有建筑幕墙检查及安全性鉴定技术标准》DG/TJ 08—803；

　上海市人民政府令第 77 号《上海市建筑玻璃幕墙管理办法》等。

3 基本技术资料

3.1 主体结构概况（包括建筑物高度、主体结构形式；主楼幕墙高度、结构层高度；裙房幕墙高度、结构层高度；幕墙与主体结构连接形式）

3.2 幕墙类型、面积及使用部位（附照片）

3.3 幕墙材料（包括型号、规格、种类、生产厂家、测试报告）

3.4 幕墙物理检测报告、定期检查报告

4 结构和构造检测

4.1 各类型建筑幕墙的外立面图（见附图）

4.2 典型节点的横剖图、竖剖图（见附图）

4.3 建筑幕墙面板与框架连接方式（见附图）

4.4 建筑幕墙横梁与立柱连接方式（见附图）

4.5 建筑幕墙框架与主体结构连接方式（见附图）

5 现场检测结果

5.1 外观质量普查

5.2 面板

5.3 金属型材（包括外露构件）

5.4 结构胶及密封胶

5.5 开启部位

5.6 幕墙受力构件与主体结构连接

5.7 幕墙周边封口、变形缝的处理

5.8 幕墙排水系统

5.9 幕墙防雷和防火性能

5.10 其他

6 材料（实验室）检测

6.1 既有建筑幕墙面板（玻璃、石材、金属面板和人造面板等）实验室检测

6.2 结构胶及密封材料实验室检测

7 结构计算复核
    7.1 面板结构承载力复核
    7.2 面板变形复核
    7.3 受力构件承载力复核
    7.4 受力构件变形复核
    7.5 连接节点承载力复核
    7.6 结构胶承载力复核

8 安全性等级评定
    8.1 建筑幕墙子项安全等级评定
    8.2 建筑幕墙安全性能等级综合评定

9 鉴定结论及相关建议(视检测情况描述)

  9.1 经鉴定本幕墙的质量保证资料、现场使用情况和技术资料,符合(或基本符合)现行的国家幕墙相关要求,在做好日常维护保养的同时尚可安全使用。

  9.2 经鉴定本幕墙的质量保证资料、现场使用情况和技术资料,存在如下具体问题,不符合现行的国家幕墙相关(明确不符合项)规定,建议依据综合评定等级采取相应措施,以保证幕墙的安全使用。

编制人：_____(签名)
审核人：_____(签名)
批准人：_____(签名)

                    _____鉴定单位(盖章)
                    年　　月　　日

本标准用词说明

1 为便于在执行本标准条文时区别对待,对要求严格程度不同的用词说明如下:
　　1) 表示很严格,非这样做不可的用词:
　　　　正面词采用"必须";
　　　　反面词采用"严禁"。
　　2) 表示严格,在正常情况下均应这样做的用词:
　　　　正面词采用"应";
　　　　反面词采用"不应"或"不得"。
　　3) 表示允许稍有选择,在条件许可时首先应这样做的用词:
　　　　正面词采用"宜";
　　　　反面词采用"不宜"。
　　4) 表示有选择,在一定条件下可以这样做的用词,采用"可"。

2 条文中指明应按其他有关标准执行时的写法为"应符合……的规定"或"应按……执行"。

引用标准名录

1 《硫化橡胶或热塑性橡胶压入硬度试验方法 第1部分：邵氏硬度计法(邵尔硬度)》GB/T 531.1
2 《夹层结构滚筒剥离强度试验方法》GB/T 1457
3 《低合金高强度结构钢》GB/T 1591
4 《陶瓷砖试验方法 第3部分：吸水率、显气孔率、表观相对密度和容重的测定》GB/T 3810.3
5 《陶瓷砖试验方法 第4部分：断裂模数和破坏强度的测定》GB/T 3810.4
6 《陶瓷砖试验方法 第5部分：用恢复系数确定砖的抗冲击性》GB/T 3810.5
7 《铝合金建筑型材》GB/T 5237.1～6
8 《工业用橡胶板》GB/T 5574
9 《纤维水泥制品试验方法》GB/T 7019
10 《建筑材料及制品燃烧性能分级》GB 8624
11 《天然石材试验方法 第2部分：干燥、水饱和、冻融循环后弯曲强度试验》GB/T 9966.2
12 《天然石材试验方法 第3部分：吸水率、体积密度、真密度、真气孔率试验》GB/T 9966.3
13 《建筑构件耐火试验方法》GB/T 9978
14 《中空玻璃》GB/T 11944
15 《玻璃纤维增强水泥性能试验方法》GB/T 15231
16 《建筑用安全玻璃 第3部分：夹层玻璃》GB 15763.3
17 《建筑用硅酮结构密封胶》GB 16776
18 《人造板及饰面人造板理化性能试验方法》GB/T 17657

19	《钢拉杆》GB/T 20934	
20	《建筑幕墙》GB/T 21086	
21	《防火封堵材料》GB 23864	
22	《建筑门窗、幕墙用密封胶条》GB/T 24498	
23	《建筑设计防火规范》GB 50016	
24	《建筑物防雷设计规范》GB 50057	
25	《建筑装饰装修工程质量验收标准》GB 50210	
26	《干挂饰面石材及其金属挂件 第1部分：干挂饰面石材》JC 830.1	
27	《建筑门窗、幕墙中空玻璃性能现场检测方法》JG/T 454	
28	《玻璃幕墙工程技术规范》JGJ 102	
29	《金属与石材幕墙工程技术规范》JGJ 133	
30	《玻璃幕墙工程质量检验标准》JGJ/T 139	
31	《玻璃幕墙粘结可靠性检测评估技术标准》JGJ/T 413	
32	《建筑橡胶密封垫——预成型实心硫化的结构密封垫用材料规范》HG/T 3099	
33	《铝合金韦氏硬度试验方法》YS/T 420	
34	《防雷装置安全检测技术规范》DB31/T 389	
35	《建筑幕墙工程技术标准》DG/TJ 08—56	

本标准上一版编制单位及人员信息

DG/TJ 08—803—2013

主 编 单 位：上海市建筑科学研究院(集团)有限公司
　　　　　　上海建科检验有限公司
主要起草人：徐　勤　陆津龙　王　骅　唐雅芳　刘　雄
　　　　　　王　皓　于志华
主要审查人：沈　恭　孙玉明　施伯年　萧　愉　方忠华
　　　　　　鲍　逸　杜平皆

上海市工程建设规范

既有建筑幕墙检查及安全性鉴定技术标准

DG/TJ 08—803—2024
J 12438—2024

条 文 说 明

2024 上海

目　次

1 总　则 …………………………………………………… 55
2 术语和符号 ……………………………………………… 56
　2.1 术　语 ……………………………………………… 56
3 基本规定 ………………………………………………… 57
　3.1 一般规定 …………………………………………… 57
　3.2 检查、鉴定抽样方法 ……………………………… 58
　3.3 定期检查程序与工作内容 ………………………… 59
　3.4 安全性鉴定程序与工作内容 ……………………… 60
4 材料的检查检测 ………………………………………… 61
　4.2 玻　璃 ……………………………………………… 61
　4.6 铝合金型材、钢材 ………………………………… 61
　4.7 拉索和拉杆 ………………………………………… 61
　4.8 硅酮结构密封胶与密封材料 ……………………… 61
6 防雷及防火性能的检查检测 …………………………… 63
　6.1 防雷性能的检查检测 ……………………………… 63
　6.2 防火性能的检查检测 ……………………………… 63
8 定期检查报告 …………………………………………… 64
　8.1 定期检查分级 ……………………………………… 64
　8.2 定期检查结果评定 ………………………………… 64

Contents

1 General provisions ········· 55
2 Terms and symbols ········· 56
   2.1 Terms ········· 56
3 Basic regulations ········· 57
   3.1 General regulations ········· 57
   3.2 Inspection and appraisal sampling methods ········· 58
   3.3 Periodic inspection procedures and content ········· 59
   3.4 Safety appraisal procedures and content ········· 60
4 Inspection and testing of materials ········· 61
   4.2 Glass ········· 61
   4.6 Aluminum and steel ········· 61
   4.7 Cables and tie rods ········· 61
   4.8 Structural and weather sealant ········· 61
6 Inspection and testing of lightning and fire resistance ········· 63
   6.1 Inspection and testing of lightning protection ········· 63
   6.2 Inspection and testing of fire resistance ········· 63
8 Periodic inspection report ········· 64
   8.1 Grading of periodic inspections ········· 64
   8.2 Evaluation of periodic inspection results ········· 64

1 总 则

1.0.1 20世纪80年代以来，一些大中城市和沿海开放城市开始使用玻璃幕墙作为公共建筑物的外装饰，上海第一幢玻璃幕墙建筑——联谊大厦于1985年5月竣工。90年代初，建筑幕墙在本市工程中得到大量应用。在其后的几十年中，建筑幕墙获得了飞速的发展，为美好城市做出了贡献。

经调研发现，部分建筑幕墙存在一定的安全隐患。上海地处台风、暴雨的影响区域，存在安全隐患的幕墙结构在大风作用下有受损的可能，雨水渗漏进一步可能影响室内的舒适环境。为此，根据市建设行政主管部门的要求，在总结科研成果和实践经验的基础上制定了本标准。

1.0.2 本标准适用于本市行政区域范围内既有建筑幕墙在使用中的业主自查、区级巡查、市级监督、定期检查、安全性鉴定。

"特定条件"指停工烂尾、停建未复工、不具备监督条件、未通过规划验收、未通过消防验收或其他原因等，未能办理竣工验收备案的在建工程。

1.0.3 除应符合本标准外，尚应符合现行国家标准《建筑设计防火规范》GB 50016、《建筑物防雷设计规范》GB 50057、《建筑幕墙》GB/T 21086和现行行业标准《玻璃幕墙工程技术规范》JGJ 102、《建筑玻璃应用技术规程》JGJ 113、《金属与石材幕墙工程技术规范》JGJ 133、《索结构技术规程》JGJ 257、《人造板材幕墙工程技术规范》JGJ 336以及《既有建筑幕墙安全维护管理办法》(建质〔2006〕291号)、《关于进一步加强玻璃幕墙安全防护工作的通知》(建标〔2015〕38号)等行政法规的要求。

2 术语和符号

2.1 术 语

2.1.1～2.1.8 本标准采用的术语及其涵义,是根据下列原则确定的:
  1 凡现行国家、行业和地方标准已规定的,一律加以引用,不再另外给出定义或说明。
  2 凡现行国家、行业和地方标准尚未规定的,由本标准自行给出定义和说明。
  3 当现行国家、行业和地方标准已有该术语及其说明,但定义所概括的内容不齐全时,由本标准完善其定义和说明。

3 基本规定

3.1 一般规定

3.1.1 开展既有建筑幕墙定期检查的四类情况，主要根据《上海市建筑玻璃幕墙管理办法》（上海市人民政府令第 77 号）的规定，与相关法规的条文一致。

3.1.2 既有建筑幕墙应每 10 年进行一次全面的安全性鉴定，主要根据住建部《既有建筑幕墙安全维护管理办法》（建质〔2006〕291 号）的第十五条：

"既有建筑幕墙出现下列情形之一时，其安全维护责任人应主动委托进行安全性鉴定。

（一）面板、连接构件或局部墙面等出现异常变形、脱落、爆裂现象；

（二）遭受台风、地震、雷击、火灾、爆炸等自然灾害或突发事故而造成损坏；

（三）相关建筑主体结构经检测、鉴定存在安全隐患。

建筑幕墙工程自竣工验收交付使用后，原则上每十年进行一次安全性鉴定。"

以及根据上海市工程建设规范《建筑幕墙工程技术标准》DG/TJ 08—56—2019 第 22.1.2 条："建筑幕墙工程自竣工验收 1 年后，应每 5 年做一次安全性检测评估。"

既有建筑幕墙进行大修前、改造前、改变用途或使用条件前、停建工程复工前等，应开展安全性鉴定。

既有建筑幕墙存在以下缺陷：使用过程中的脱落现象，较明显的变形、错位、松动现象，主要受力构件或连接件存在较严重或较普遍的腐蚀、损伤、变形、老化现象，以及建造完成后发现的未按现行规范设计与施工、设计与施工不符等情况，经定期检查后评定为 C_r 级或 D_r 级，仅凭借简单的检查工具和外观检查已无法发现潜在隐患时，应开展安全性鉴定，评估其危险程度。

3.1.3 既有建筑幕墙的检查机构应符合《上海市建筑玻璃幕墙管理办法》的要求，具有独立法人资格、幕墙检查资质以及足够数量的专业技术人员。

既有建筑幕墙的定期检查过程中，鼓励既有建筑幕墙检查机构使用统一的标准化检查表格。

3.1.4 既有建筑幕墙的安全性鉴定机构：根据中国合格评定国家认可委员会《检验机构能力认可准则在建设工程检验领域的应用说明》CNAS-CI01-A005 的规定，对从事建筑幕墙施工质量检验、性能评价/鉴定，机构的授权签字人年龄不超过 65 周岁（含），应具备建设工程相关专业高级技术职称、本专业领域的相关注册执业资格且有不少于 8 年本专业工作经历，或应具备建筑幕墙相关专业正高级技术职称且有不少于 16 年的本专业工作经历。

配合鉴定单位进行幕墙面板板块的拆卸、修复的施工单位，应具有相关的建筑幕墙工程施工资质。

既有建筑幕墙的鉴定过程中，鼓励既有建筑幕墙的鉴定机构使用相关的标准化检查表格、数字化工具和模型。数字化工具的使用，可有效提升上海地区幕墙行业对幕墙数字化、信息化模型相关技术的应用能力。对空间关系复杂的曲面异形幕墙，建议根据具体项目的需求单独创建。

3.2 检查、鉴定抽样方法

3.2.2 既有建筑幕墙的定期检查，建议根据上海市住建委颁发的《上海市既有建筑玻璃幕墙区级巡查工作导则》（沪建质安

〔2023〕385号）进行风险等级分类，既有建筑幕墙现场检查单位针对场所的风险分类情况，制定现场检查的抽样方案和比例，从建筑使用年限、使用场所、高度等方面，实施既有建筑幕墙的分级分类管理。既有玻璃幕墙风险系数分级见表1。

表1 既有玻璃幕墙风险系数分级

等级	幕墙使用年限	幕墙使用场所	幕墙建筑高度
Ⅰ类场所	幕墙投入使用5年以内	公众无法进入、靠近的厂区园区	幕墙高度≤24 m
Ⅱ类场所	幕墙投入使用在5年～25年间	人流密集度不大的公共场所	24 m＜幕墙高度＜100 m
Ⅲ类场所	幕墙投入使用超过25年	人流密集度较大的公共场所	100 m≤幕墙高度

注：1 应从严套用，可以从Ⅲ类场所开始套用，当在幕墙使用年限、幕墙使用场所、幕墙建筑高度三个方面满足任何一个条件时，即可判断为Ⅲ类场所。当三个条件均不满足时，套用Ⅱ类场所的条件，直至满足任何一项条件时，判断为该条款所对应的场所。
2 3年内曾发生过幕墙质量事故或巡查中开具过整改单的项目，在套用场所时，应在对应的场所基础上向上增加一档。
3 人流密集度较大的公共场所指公众聚集场所，医院的门诊楼、病房楼，学校的教学楼、图书馆、食堂和集体宿舍，养老院、福利院、托儿所，幼儿园，公共图书馆的阅览室，公共展览馆、博物馆的展示厅，劳动密集型企业的生产加工车间和员工集体宿舍，旅游、宗教活动场所等。

3.3 定期检查程序与工作内容

3.3.1 既有建筑幕墙的检查程序，可根据建筑幕墙的规模、种类、检查难易程度等情况进行具体安排。

在既有幕墙的使用过程中，用户的一些不当行为会对幕墙的使用功能和安全功能产生一定的影响，因此应重点检查此类管理行为。

3.3.2 幕墙各类面板，一般包括玻璃、石材、陶板、瓷板、人造面板、微晶玻璃板、石材蜂窝板等面板。

其他严重影响幕墙使用安全的情况有：在幕墙上设置霓虹灯、招牌及广告等设施；违反设计在幕墙支承构件上打孔或增设附属物（如室内吊顶、窗帘、隔墙等）；幕墙面板、开启窗、室外构件、支承构件、外露连接构造、防火封堵和外露防雷装置被拆卸、更改；可视的幕墙连接构件、紧固件等受力构件存在松动、缺失等现象。

3.3.3　第6款屋面以上幕墙支承钢结构检查，主要指超出建筑物垂直投影范围以外区域、超出建筑物屋面包络线以上的部分，重点对外露悬挑构件、装饰条、飞翼等易发生高坠的部位进行现场检查。

3.4　安全性鉴定程序与工作内容

3.4.5　近些年来，国内多地既有建筑幕墙因为防雷、防火缺陷而发生幕墙质量事故。安全性鉴定，是针对既有幕墙进行的全面综合鉴定，除了针对幕墙材料、结构与构造、构件与节点检查外，还包含建筑幕墙防雷检测、防火检测、结构承载力核验等。

3.4.6　既有建筑幕墙一旦发现存在安全缺陷，应依据现行上海市工程建设规范《既有建筑幕墙维修工程技术规程》DG/TJ 08—2147，并委托具有资质的设计和施工单位负责实施。

4 材料的检查检测

4.2 玻 璃

4.2.8 玻璃幕墙异常破裂的原因通常都比较复杂，诱发的原因较多，需要专业机构进行系统分析。当幕墙玻璃发生异常破裂后，检测机构应首先了解事情经过，判断是否为人为损坏、装饰装修等原因导致破裂；随后开展现场实物质量的检查，检查检测主要受力型材是否损坏变形，整体构造有无损坏；最后，对破裂玻璃的典型部位进行取样，判断是否为玻璃自爆等材料原因。

4.6 铝合金型材、钢材

4.6.5 铝合金型材无出厂证明、无检验报告或无法说明材料品质时，应现场取样并依据现行国家标准《铝合金建筑型材 第1部分：基材》GB 5237.1进行实验室检测。

4.7 拉索和拉杆

4.7.3 在测量索杆张拉结构、拉索预应力实测值时，应查阅原设计文件、预应力张拉施工记录。

4.8 硅酮结构密封胶与密封材料

4.8.6 经研究表明，随着硅酮结构密封胶的老化，其邵氏硬度会变大。因此，检测硅酮结构密封胶的邵氏硬度可简捷、迅速地反映其老化情况。现行国家标准《建筑用硅酮结构密封胶》GB 16776 规定,硅酮结构密封胶的邵氏硬度指标值为 20~60。

某工程选取的 6 个试件邵氏硬度为 56~60 之间,邵氏硬度已为临界值,结果 6 个胶试件的拉伸试验均不理想,其中 2 个在制样过程中已断裂,另 4 个试件中 3 个试件的断裂伸长率均很低,且有 1 个试件的拉伸粘结强度低于规定值,硅酮结构密封胶在使用过程中已逐步丧失其大部分弹性而变脆。

但由于硅酮结构密封胶的品种很多,其初始邵氏硬度、硬度发展趋势不同,现有的试验数据尚不能全部反映各种硅酮结构密封胶邵氏硬度随时间而变化的规律,故检测单位应结合现行国家标准《建筑用硅酮结构密封胶》GB 16776 和硅酮结构密封胶的综合情况作出判断。

4.8.8 通常,硅酮结构密封胶母材的拉伸强度并不是粘结质量的决定性因素,硅酮结构密封胶极限强度一般超过 0.8N/mm^2(产品标准要求超过 0.6N/mm^2),现行规范设计强度仅取到 0.20N/mm^2。

硅酮结构密封胶与玻璃或铝材之间的相容性,往往是决定粘结面质量的关键因素。一旦在硅酮结构密封胶与玻璃、铝型材表面发生不相容的情况,此时破坏面直接发生在粘结界面处,且粘结强度远小于硅酮结构密封胶母材强度。

6 防雷及防火性能的检查检测

6.1 防雷性能的检查检测

6.1.1 既有建筑幕墙的主要受力杆件多为金属杆件,如铝合金材质、钢质或不锈钢材质等导电体。因此,在既有幕墙安全性鉴定时,有必要检查其防雷性能。

为了防止或减少雷击对建筑幕墙所造成的人身伤害、财物损失,有必要根据现行行业标准《民用电气设计规范》JGJ 16 及现行上海市地方标准《防雷装置安全检测技术规范》DB31/T 389 等进行既有建筑幕墙的防雷检查检测。

6.2 防火性能的检查检测

6.2.3 防火性能是幕墙安全性能的重要指标。合理的防火构造设置,是保障建筑物防火安全的重要手段之一,其主要功能是将建筑内外空间隔离,防止火势蔓延。本条文中对既有建筑幕墙防火构造检查,应与现行国家标准《建筑设计防火规范》GB 50016 和现行上海市工程建设规范《建筑幕墙工程技术标准》DG/TJ 08—56 的幕墙防火设计要求相一致。

8 定期检查报告

8.1 定期检查分级

8.1.1 建筑幕墙定期检查,主要通过测量检查是否存在节点松动、滑移等质量缺陷。尤其是当建筑幕墙与主体结构的连接采用膨胀螺栓、化学锚栓等非预埋形式固定时,膨胀螺栓、化学锚栓的抗拔性能受施工工艺、混凝土收缩徐变、温度等影响会出现退化,经长期正负风压作用还可能出现松弛、滑移现象。因此,有必要定期对主要受力杆件的平面外偏差进行检测。当发现平面外偏差过大时,应暴露局部隐蔽节点和构造,进行详细、全面的检查和检测。

8.2 定期检查结果评定

8.2.1 完成幕墙定期检查后,应按第 8.1.1 条相关表格对所发现的问题进行统计。对所发现的问题进行汇总后,根据本标准附录 A 编制定期检查报告。